数学应用漫画

冒险岛
数学奇遇记 46

扑克牌中的数学秘密

〔韩〕宋道树／著 〔韩〕徐正银／绘 李学权 王 佳 李享妍／译

台海出版社

图书在版编目（CIP）数据

冒险岛数学奇遇记.46，扑克牌中的数学秘密 /
（韩）宋道树，（韩）徐正银著；李学权，王佳，李享妍
译.--北京：台海出版社，2019.10（2020.10重印）

ISBN 978-7-5168-2435-1

Ⅰ.①冒… Ⅱ.①宋… ②徐… ③李… ④王… ⑤李
… Ⅲ.①数学－少儿读物 Ⅳ.①O1-49

中国版本图书馆CIP数据核字(2019)第218300号

版权登记号：01-2019-5245

冒险岛数学奇遇记46　MAOXIANDAO SHUXUE QIYUJI 46

著　　者：〔韩〕宋道树			绘　　者：〔韩〕徐正银	
译　　者：李学权　王　佳　李享妍				

出版策划：双螺旋童书馆
责任编辑：武　波　　　　　　　　　　　装帧设计：北京颂煜图文
特约编辑：唐　浒　耿晓琴　宋卓颖　　　责任印制：蔡　旭

出版发行：台海出版社
地　　址：北京市东城区景山东街20号　　邮政编码：100009
电　　话：010-64041652（发行，邮购）
传　　真：010-84045799（总编室）
网　　址：www.taimeng.org.cn/thcbs/default.htm
E－m a i l：thcbs@126.com

经　　销：全国各地新华书店
印　　刷：北京彩虹伟业印刷有限公司
本书如有破损、缺页、装订错误，请与本社联系调换

开　　本：710mm×960mm　　　　　1/16
字　　数：152千字　　　　　　　　印　　张：10.25
版　　次：2019年12月第1版　　　　印　　次：2020年10月第2次印刷
书　　号：ISBN 978-7-5168-2435-1

定　　价：29.80元

版权所有　翻印必究

前言

重新出发的《冒险岛数学奇遇记》第十辑，希望通过创造篇进一步提高创造性思维能力和数学论述能力。

我们收到很多明信片，告诉我们韩国首创数学论述型漫画《冒险岛数学奇遇记》让原本困难的数学变得简单、有趣。

1~30册的**基础篇**综合了小学、中学数学课程，分类出7个领域，让孩子真正理解"数和运算""图形""测量""概率和统计""规律""文字和式子""函数"，并以此为基础形成"概念理解能力""数理计算能力""原理应用能力"。

31~45册的**深化篇**将内容范围扩展到中学课程，安排了生活中隐藏的数学概念和原理，以及数学历史中出现的深化内容。此外，还详细描写了可以培养"原理应用能力"，解决复杂、难解问题的方法。当然也包括一部分与"创造性思维能力"和"沟通能力"相关的内容。

从第46册的**创造篇**起，《冒险岛数学奇遇记》以强化"**创造性思维能力**"和巩固"**数理论述**"基础为主要内容。创造性思维能力，是指根据某种需要，针对要求事项和给出的问题，具有创造性地、有效地找出解决问题方法的能力。

创造性思维能力由坚实的概念理解能力、准确且快速的数理计算能力、多元的原理应用能力及与其相关的知识、信息及附加经验组成。主动挑战的决心和好奇心越强，成功时的愉悦感和自信感就越大。尤其是经常记笔记的习惯和整理知识、信息、经验的习惯，如果它们在日常生活中根深蒂固，那么，孩子们的创造性就自动产生了。

创造性思维能力无法用客观性问题测定，只能用可以看到解题过程的叙述型问题测定。数理论述是针对各种领域和水平（年级）的问题，利用理论结合"创造性思维能力"和"问题解决方法"解决问题。

尤其在展开数理论述的过程中，包括批判性思维在内的沟通能力是绝对重要的角色。我们通过创造篇巩固一下数理论述的基础吧。

来，让我们充满愉悦和自信地创造世界看看吧！

出场人物

前情回顾

哆哆和小卡在沃安妮丝的帮助下，平安无事地从绝望溪谷中逃脱。身为德里市市长的小缇在迈克的帮助下准备为德里市而战。克里斯蒂娜只能焦急地等待混沌之塔的魔界佣兵下载成功，伊德雅从守墓人那里知道了良军士和虚空之间的巨大秘密！

哆哆

在绝望溪谷经受身心磨炼后归来。他的数学能力无人可及。

爱哲丽布斯托（小缇）

为解决德里市的危机，成为市长，在马格努斯的帮助下，正在准备与克里斯蒂娜一党战斗。

卡伊扎（小卡）

一个可以为了朋友，不顾任何危险的义气男。得知德里市陷入危机后，与哆哆一起为拯救德里市而战。

良军士

因为与虚空之间有着微妙的缘分被伊德雅特别关注。伊德雅的关注对他来说是种负担。

马格努斯

喜欢小缇，是魔界的坏孩子。在小缇身边付出巨大努力，保护她不陷入危险。

克里斯蒂娜

占据混沌之塔后，妄想征服德里市的克里斯蒂娜，与贝德洛斯和石蛋，还有龙姐妹一起逐步准备着。

魔界勇士
龙姐妹

被克里斯蒂娜雇佣来到人间的龙姐妹。等待混沌之塔的大量勇士抵达。

目　录

91 虚空和良军士 · 7

提高创造力数学教室　**①** 创造力和数理论述　**29 ~ 30**
领域：整体　能力：创造性思维能力

92 魔界新娘 · 31

提高创造力数学教室　**②** 查找两个分数之间的分母最小的分数　**57 ~ 58**
领域：数和运算　能力：创造性思维能力

93 危险的火魔 · 59

提高创造力数学教室　**③** 制造遗产分配问题　**81 ~ 82**
领域：数和运算　能力：原理应用能力 / 创造性思维能力

94 再见绝望溪谷 · 83

提高创造力数学教室　**④** 两位数 × 两位数的快速心算　**107 ~ 108**
领域：数和运算　能力：创造性思维能力

95 与火焰鳄鱼的对决 · 109

提高创造力数学教室　**⑤** 礼貌数　**133 ~ 134**
领域：数和运算　能力：创造性思维能力

96 战争的旋涡 · 135

虚空和良军士

有句西方格言*说:"人生的可怜之处就在于:我们总是梦想着天边的一座奇妙的玫瑰园,不去欣赏今天就开在窗口的玫瑰。"

*格言:长时间的生活经历得出的含有教育意义、可作为人们行为规范的语句。

你会告诉我吧?

哭丧着

哎哟

没办法啦,这就是我的命运。

谢谢,守墓人!

豁然开朗

对,那是我整理魔法师生活后,来墓地就职一个月左右的时候……

嗯,那时候……

嗖嗖嗖嗖

你是说虚空从天上掉下来了吗？肉体和灵魂分离的样子吗？

嗯，那一瞬间，直觉*告诉我他是从魔界跑出来的人。

*直觉：看到某种事物产生的一种直观感觉。

哇，神算子啊！

那个叫虚空的男人，是从魔界掉下来的，对吧？

嗯。

我以为他死定了。

眼泪汪汪

对。

正确答案

魔界和人间有道不同次元的墙，所以，没办法往来。不过，偶尔出现的裂痕＊让人类可以进入魔界。这种情况下，多数人会在里面丧生。

＊裂痕：结实的东西裂开或者破裂出现缝隙。

当然，被魔界的强悍能量推到人间的情况非常罕见。

哐当

那真的太幸运了！

豁然开朗

并不是。因为冲击，他的肉身和灵魂分离了，不在一起。

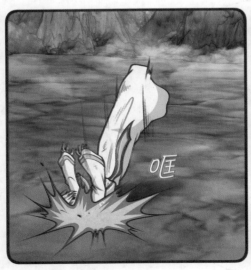

在附近有只正在睡觉的小猫。

我的天啊！

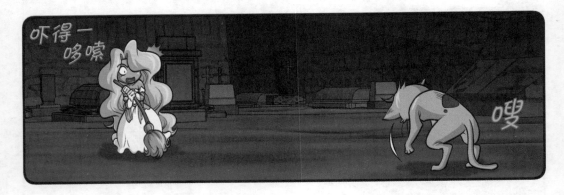

正确答案

你是说，虚……虚空的灵魂进入到在墓地睡觉的小猫身体里了？

嘀

是的，那家伙很懒，连老鼠都抓不到。

原来那只流浪猫就是良军士！

对，从那以后，我就听说那家伙在修女团非常活跃了。

不管怎么样，我处理了那个男人的尸体，给他立了墓碑。

哎哟

没死，也没活着，你的命运也真是坎坷*。

咬咬

*坎坷：形容经历曲折、不得志。

但是，从那以后，只要满月升起，就会发生奇怪的事情！

良军士来墓地找虚空了。

嗒嗒嗒

呼哧呼哧

当然，对于脑子里似乎交替出现自己的灵魂和虚空的灵魂，他感到坐立不安。

坐立 不安

也许是满月时的能量非常强，所以，良军士暂时变成了虚空。

可是，两个灵魂又重新纠缠在一起。

啊

那家伙逃跑了，不见了。

嗒嗒嗒

正确答案　概念理解能力

他必须知道自己是谁！除此之外，没有别的办法！

嗒嗒
嗒嗒

一定能做到！我一定要找回虚空！

发火

敬，敬礼。

您在做什么？

就是拿着扑克牌*
玩会儿。

*扑克牌：西方玩纸牌游戏时使用的卡片。

对了！虚空本来是数
学天才，忘了一切，
都不会忘了数学。

正确答案　学习

30 分钟后我会回来，到时候你要解开。

伊，伊德雅二等兵！

怎么突然这样啊？我不会数学。猫哪会什么数学呀？

让猫解什么数学题呀？！

绝对不可以！

啊啊！

二选一。选择解题，不然就……

① 创造力和数理论述

提高创造力数学教室

领域—整体

能力—创造性思维能力

《冒险岛数学奇遇记》第46册是创造篇的开端，以提高创造性思维能力和巩固数理论述基础为主要内容。

数学科目的教育目的只是提高思考能力，而本书还要提高创造性思维能力。从国家的角度讲，在国际竞争里，创造性人才的养成是非常重要的课题。因此，数学科目的功能和作用被更加扩大化，教育内容也随之变化。即，在默记基本公式和以计算为主的数学里，改变成①创造性②简单有趣③实用和协同性的数学。创造性和创造性思维能力，指在任何条件或需求下，在发生问题的情况下，找出比基本解决方法更有效的方法的创造性能力。《冒险岛数学奇遇记》里传递的基础能力包括坚实且明确的概念理解能力，准确且迅速的数理计算能力，多样且综合性的原理应用能力，而创造性思维能力则是在这些能力的基础上融合相关知识、信息、经验培养发展而来的。下面表1是很多书中提到的与知识能力相关的词语，这些词语和《冒险岛数学奇遇记》里的能力相关。

表1 《冒险岛数学奇遇记》的能力分类

概念理解能力	准确理解用语的概念 学习目标、用语概念、了解记号	记忆力，直观力，观察力，认知力，理解力（用语）
数理计算能力	准确且迅速熟练计算 计算方法、快速心算、公式活用	记忆力，理解力（原理），计算力
原理应用能力	原理、规则、定理的应用 问题类型、证明方法、问题解决	记忆力，分析能力，综合能力，论理能力，推理能力，联想能力，应用能力
创造性思维能力	熟悉问题解决方法和数理论述 推论方法、问题制造、数理论述	记忆力，思考能力，想象力，创造能力
沟通能力	用简单明了的理论表现 讨论、数学表现、批判性思考	记忆力，数学表现能力，批判性思考能力

能力阶段

上级

创造性思维能力	
原理应用能力	沟通能力
数理计算能力	
概念理解能力	

下级

创造力不是靠决心就能培养的。培养认真记录并保管知识、信息、经验的习惯才能培养创造力。换句话说，用笔记或者便签记录思维的习惯和系统化整理好随时可以参考的记录才是必须的。

每个人的创造性思维能力无法用客观性问题准确推测。当然，这种能力的基础是概念理解能力、数理计算能力、原理应用能力，这些能力可以通过客观性问题判断出来。

而个人的想法和特性必须通过主观性论述型问题判断。

因此，必须熟练数理论述的技巧，必须熟悉合理叙述的问题解决方法以及沟通能力。

表2　数学问题类型

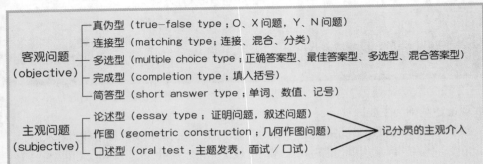

关于问题解决方法，《冒险岛数学奇遇记》第45册已经详细说明，希望大家找到重新看一次。沟通能力，不仅是学生与学生之间，以及学生与老师之间的沟通，也是记录随笔、整理学习内容、提问、回答、说明、概括、发表、证明、评价等很多活动中需要的能力。不只是数学领域，它在科学领域和日常生活中也是必要的能力。无论是语言还是文字，需要的时候利用图画或图标思考想法的过程，可以准确理解第一次错过的概念和原理。

另外，在沟通中，批判性思考（critical thinking）扮演着重要的角色，批判性思考不是找出某种缺陷的否定意义。它对摆在自己面前的某种主张、知识、信息，不单纯地接受，也不是找错误。在没有任何偏见的情况下，进行客观且合理的分析、评价以及判断，是一种思考过程。

所以，数学里的沟通必须用严格的理论作为判断依据。比如，不能用量角器测量出等边三角形的两个底角相等，要利用三角形的定理来证明两角相等。《冒险岛数学奇遇记》第45册55页的问题解决4阶段中，最后一个阶段的解决方法反省也是对自己制作的叙述作出判断性思维的过程。

概括说，以问题解决方法和沟通能力为基础，用没有缺陷的理论性支撑的数理论述里，需要创造性思维能力的情况很多，同样，衡量创造性思维能力需要数理论述实验。

从《冒险岛数学奇遇记》第46册开始连载的数学故事让大家熟练进阶的数理论述技巧。对于给出的论题（论述主题），一次性叙述整体对第一次解题的学生来说太难了。因此，附加"提示文字"的说明，将逐步解题的各阶段"论点"细分成小主题，引导学生理解问题是什么、用什么顺序叙述。重复这个过程可以让学生自主合理地叙述整体。

解开论题和相关应用问题，可以准确理解论题和巩固应用，还可以设计新问题。

但是，本书可能出现不适合各学年水平的主题，因此，希望大家选择性练习。相信各位，支持各位！

魔界新娘

30 分钟后

咯噔
咯噔

嗯？

你连那么简单的问题都不会，在那儿吊儿郎当吗？

抽鼻子

没有，我解开了。

真的吗？

是的！用不用告诉你解题过程？

如果把扑克分给 9 个人，那么剩下 2 张对吧？在这种情况下，扑克牌数量可能是 11 张、20 张、29 张、38 张、47 张，有 5 种情况。

如果分给 4 个人，会剩下 3 张。所以，上述五种条件中，满足这个条件的是 11 张和 47 张。

$$9 + 2 = 11$$
$$(4 \times 2) + 3 = 11$$

$$(9 \times 5) + 2 = 47$$
$$(4 \times 11) + 3 = 47$$

$$(9 \times 5) + 2 = 47$$
$$(4 \times 11) + 3 = 47$$
$$(7 \times 6) + 5 = 47$$

如果分给 7 个人，那么，会剩下 5 张，所以满足条件的只有 47 张。

所以，正确答案是 52 张牌中丢了 5 张！

翻来覆去

正确！

是啊，幸好对了。

嗖

数学天才虚空的灵魂终于……

都解开问题了，为什么还哭？

想起了过去。

呜呜

想起了过去？难道虚空？

惊讶

什么过去？快点儿告诉我。

我是九兄妹中的老幺。

喵喵

喵喵

喵喵

虽然我们家很幸福，但是经常饿肚子。

喵喵

喵喵

喵喵

如果妈妈从鲜鱼店衔着篮子回来，我们都会欢呼雀跃。

本来有52条鱼，妈妈因为太饿吃了几条。

喵

嗒嗒嗒

我太弱小了，我的鱼总是被哥哥姐姐们抢走。

喵喵

嗒

每到那个时候，我总是祈祷"如果哥哥姐姐消失就好了"。

喵喵

正确答案

不知道是不是因为这样，每到赶集的日子，就会有哥哥姐姐被卖掉，先是剩下7只，后来只剩下4只。

什么，你想起来的就是这个，不是别的记忆？

嗯？什么记忆？

比如说，又高又帅的男人。

没有，我怎么会有那种记忆？我记得小时候生活的地方，那个主人大叔又高又帅。

呃。

但是他一点人情味儿都没有，把我们家的兄弟姐妹全都卖掉了！

啊

我不是说那个！

那是什么？

大汗淋漓

你有没有想起一个名字？虚……虚……

如果强行让他找回记忆，两个灵魂会混乱地纠缠在一起，可能会出现危险。

你怎么欲言又止了？

没……没什么。数学题解开了。辛苦你了。

哎哟

那么讨厌数学的良军士解开了数学题，这说明虚空的灵魂会醒来，这就够了！

良军士，把刚才借走的书还给我。

吓哆嗦

嗒嗒嗒

书，什么书？

刚才你不是从我这儿借走了数学书吗？

大汗淋漓

难道……

对，就是这个！

数学

火辣辣 火辣辣

正确
答案

女王大人，勇士们到了。走出墙外接受他们的参拜吧。

我宣布*向德里市开战！

*宣布：对世界广泛告知。

这只是我征服世界的第一步而已！

全世界马上就要臣服于我了！

克里斯蒂娜女王，万岁！

正确答案　客观

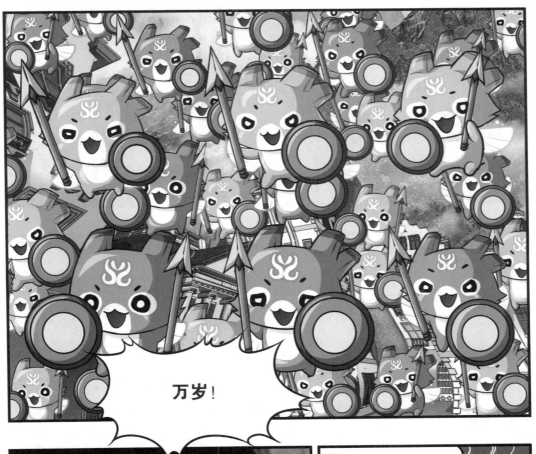

万岁！

万岁！

德里市完蛋了。这回马格努斯大人也阻止不了了。

怎么办？传送过程中感染病毒了！

所以，我不是告诉你下载之前先运行杀毒程序吗！

那么做的话，你知道要耗费多少时间吗？！

结果到底怎么样？现在到底能不能战斗？

很难马上进入战斗。得去安全中心*更新，然后运行杀毒程序，需要花费一周时间。

惊讶的样子

呀！

*安全中心：隔离被病毒和有害代码感染的文件，单独整理放置的空间。

一周？！

幸好这样！

都给我带走！我不征服世界了！

镇……镇定点儿。

小缇，你在做什么？

司仪在等你呢！

还要很久吗？

嗖

新郎，你愿意发誓，无论新娘生老病死，都一直守护她吗？

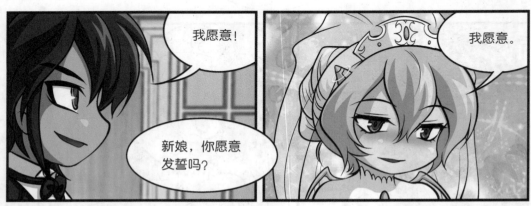

我愿意！

新娘，你愿意发誓吗？

我愿意。

接着，司仪严肃地宣布礼成。

小缇，我们去问候司仪先生吧。

嗖

正确答案　论题

* 宾客：祝贺而来的客人。

也要向宾客*们问好啊！

小缇,你怎么吓成那样?

2 查找两个分数之间的分母最小的分数

领域 数和运算　　能力 创造性思维能力

提示语 老师给哆哆、小卡、小缇三名学生提出以下问题：

 老师
在大于 $\frac{3}{4}$，小于 $\frac{5}{6}$ 的分数中，找出分母最小的分数。

三名学生的回答如下：

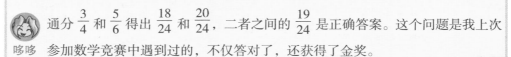

哆哆
通分 $\frac{3}{4}$ 和 $\frac{5}{6}$ 得出 $\frac{18}{24}$ 和 $\frac{20}{24}$，二者之间的 $\frac{19}{24}$ 是正确答案。这个问题是我上次参加数学竞赛中遇到过的，不仅答对了，还获得了金奖。

小卡
我认为，小分数 $\frac{3}{4}$ 可以得出与其等值分数（大小相同的分数）。
$\frac{3}{4}$，$\frac{6}{8}$，$\frac{9}{12}$，$\frac{12}{16}$，$\frac{15}{20}$，$\frac{18}{24}$，$\frac{21}{28}$，$\frac{24}{32}$……这些是它的等值分数，每个分子加 1 后约分，等于 $\frac{3+1}{4}=1$，$\frac{6+1}{8}=\frac{7}{8}$，$\frac{10}{12}=\frac{5}{6}$，$\frac{13}{16}$，$\frac{16}{20}=\frac{4}{5}$，$\frac{19}{24}$，$\frac{22}{28}=\frac{11}{14}$，$\frac{25}{32}$，……由此可知，$\frac{13}{16}$ 以后的分数都比 $\frac{5}{6}$ 小。所以，分母最小的是 $\frac{4}{5}$。

 小缇
我认为，当 $\frac{b}{a}<\frac{d}{c}$ 时，$\frac{b}{a}<\frac{b+d}{a+c}<\frac{d}{c}$。而且，我可以证明这个结果。
因此，利用这个性质马上就可以得出，$\frac{3+5}{4+6}=\frac{8}{10}=\frac{4}{5}$。

 老师
是吗？小卡和小缇的答案是一样的，认为 $\frac{4}{5}$ 满足条件，好像是正确答案啊！那么，哆哆说的数学竞赛的问题答案就是错误的吧？虽然小卡和小缇的答案可能是正确的，不过，不知道解题方法是否正确！

论点1 老师问了哆哆第二个问题。让他找出 $\frac{3}{4}$ 和 $\frac{4}{5}$ 之间分母最小的分数。就这样，哆哆按照第一个问题的通分方法解题，找出答案。怎么找到的呢？猜猜看吧！

〈解答〉通分 $\frac{3}{4}$ 和 $\frac{4}{5}$ 得到 $\frac{15}{20}$ 和 $\frac{16}{20}$，15 和 16 之间没有其他自然数。所以，分子和分母分别乘以 2 得到 $\frac{30}{40}$ 和 $\frac{32}{40}$，那么，正确答案就是 $\frac{31}{40}$。当然，当他看到小卡和小缇的答案后，就发现自己错了。他一直用通分的方法解答两个问题，所以不知道自己错了。

论点2 我们用小卡的方法解决前面的 **论点1** 提到的第二个问题。

〈解答〉提示语中，小卡的答案是将分子加 1，然后约分，与 $\frac{4}{5}$ 比较，找到较小的分数是

$\frac{19}{24}$，$\frac{11}{14}$，$\frac{25}{32}$，……其中，分母最小的是 $\frac{11}{14}$。

论点3 这次用小缇的方法解题。

〈解答〉通过 $\frac{3}{4}$ 和 $\frac{4}{5}$ 得出 $\frac{3+4}{4+5}=\frac{7}{9}$，$\frac{7}{9}$ 比 **论点2** 中得出的 $\frac{11}{14}$ 的分母 14 小，由此可知，小卡的答案是错的。

论点4 使用小缇的方法找出 $\frac{5}{7}$ 和 $\frac{8}{9}$ 之间分母最小的分数。不过，$\frac{3}{4}$ 才是这个问题的正确答案，所以，小缇的方法也是错误的。

〈解答〉小缇的解题方法是 $\frac{5+8}{7+9}=\frac{13}{16}$。但是，由 $\frac{5}{7}<\frac{3}{4}<\frac{8}{9}$ 可知，$\frac{3}{4}$ 才是正确答案。所以，可以确定小缇的方法也不是一直正确的。

论题1 前面的提示语和 **论点1~4** 中，三名学生的方法被证实全部错误。我们以准确理解问题、寻找解决办法为基础，重新思考一下吧。然后，针对解题方法做出论述。

〈解答〉不可以用某种简单的方法解答问题后，轻易判断这是一种创造性。连是否找到正确答案都不确定。正确的解题方法是任何人都看不出错误，被验证的方法。以 **论点4** 中提出的第三个问题"找出 $\frac{5}{7}$ 和 $\frac{8}{9}$ 之间分母最小的分数"为例进行说明是不错的方法。问题要求的是，找出 $\frac{5}{7}=0.7142857142\cdots\cdots=0.\dot{7}1428\dot{5}$ 和 $\frac{8}{9}=0.888\cdots\cdots=0.\dot{8}$ 之间的分数 $\frac{n}{m}$ 中，分母最小的分数。可以用表格找出。

在下表中，如果按照 $m=2$，3，4，……的顺序从头开始找满足条件的 n，$\frac{n}{m}$ 就是正确答案。所以，当 $m=4$ 时，可以找到 $n=3$，即所求分数为 $\frac{3}{4}$。

n	×	×	3	4	5	6	6,7	7	…
m	2	3	4	5	6	7	8	9	…

如果用式子解释，当 $\frac{b}{a}<\frac{d}{c}$ 时，$\frac{b}{a}<\frac{n}{m}<\frac{d}{c}$，找出符合最小 m 的分数就是问题。

从条件 $\frac{b}{a}<\frac{n}{m}<\frac{d}{c}$ 得知两个不等式 $bm<an$，$cn<dm$，将其整理成一个不等式为 $(bc)n<(bd)m<(ad)n$。按照 $m=2$，3，4，……的顺序带入 m，先找到满足条件 $(bc)n<(bd)m$ 的 n，然后，n 可以检验 $(bc)n<(bd)m$ 是否正确。最开始找到的 $\frac{n}{m}$ 就是正确答案。

〈解答〉当 $n\geqslant2$ 时，$\frac{n-1}{n}$ 和 $\frac{n}{n+1}$ 之间，分母最小的分数是，将分母相加作为分母，将分子也相加变成分子的分数，即 $\frac{(n-1)+n}{n+(n+1)}=\frac{2n-1}{2n+1}$。

危险的火魔

小缇……

对，对不起，我做恶梦了。

难道梦里的我变成怪物了吗？

没……没有。

说对了。

也是，哪有这么帅气的怪物？

小缇，你在这么不舒服的地方睡觉才会做恶梦的。

我来守护市厅，你回家吧。

不！

你想怎么样？我都说了，那个叫迈克还是麦饭石烤鸡蛋的家伙是从魔界来的！

是！我的大眼睛看透了那个家伙，他肯定是魔族！

回家后，那俩……啊，想想都头疼！

呃呃

小缇，对不起。

迈克，为什么突然说对不起？

嗖嗖

正确答案

*响应：答应号召或者协助等。

如果没有迈克，谁能做这么大的事情呢？不懂事的小卡和哆哆不可能做到。

可是，大家都当防御军了，家庭生计*……

别担心。我已经对那个问题采取相应措施了。

*生计：谋生的办法或者生活的状况。

过了一会儿

按照迈克辅助官的指示，市厅仓库的粮食已经分给市民们了。

还是迈克厉害！

从生活状况不好的家庭中选出 100 名，分给他们 100 袋米。

等一下！

每个人分一袋吗？

不是。

在这些市民代表中，成年男子每人 3 袋，成年女子每人 2 袋，孩子每人 $\frac{1}{2}$ 袋。

什么？你为什么这么做？

因为成年男子吃得多，成年女子比成年男子吃得少些，孩子吃得更少。

你说什么？

就算是孩子，回到家里也许还有更多家人呢，怎么可以只给孩子$\frac{1}{2}$袋呢？

我没想到那种情况……

除此之外，你再计算一下还需要准备多少粮食，然后向我报告。

那……那个……

无论是大人还是小孩，都应该每人分得3袋。

是，市长大人。

正确答案

我没有记录有多少孩子和大人，就那么发出去了。

你怎么能那么做事情呢？！

可……可以确定一件事，成年女子的数量是成年男子数量的五倍！

那像话吗？

市长大人，你冷静一下！

我不冷静吗？

这个很简单。

我告诉你!

真的?

你怎么知道的?
我亲自去分米的,
我都不知道。

嘻嘻

在 100 个人中,假设只有 1 个成年
男性。那么,成年女性就是 5 名,
他们一共拿走了 13 袋米。

成年男子 3 袋 × 1 + 成年女子 2 袋 × 5 = 13 袋

3 袋

2 袋

那么,还剩下 87 袋! 如果
把这些米按照 $\frac{1}{2}$ 份分给孩子们,
可以分给 174 个孩子。这样的话,
米的总数就超过 100 了,所以刚
才的假设不成立。

是啊。

迈克的答案

○ × 5 = △

○ + △ + □ = 100 名

○：成年男子数
△：成年女子数
□：孩子数

就这样，把成年男子的数量假设为 2 名、3 名、4 名，计算一下结果。

做什么?！不是说要计算吗?

我的数学本来就不好。

没那个必要。我已经心算完了。成年男性的数量是 5 名。

当○等于 5 时，○ 5 名 ×5= △ 25 名，那么，□等于 70 名。

① ○ + △ + □ =100 名

② （5×3）+（25×2）+（70× $\frac{1}{2}$）

= 15+50+35

= 100 袋。

成年女子数量是成年男子数量的五倍，也就是 25 名，他们分到的大米分别是 15 袋和 50 袋。剩下的 35 袋大米分给孩子们，每个人 $\frac{1}{2}$ 袋，就是说，一共有 70 个孩子。结果就是 5+25+70=100 名! 正好 100 袋!

都这样了，可以说游戏要结束了吧？

幸好还有一周时间可以逃跑。

不！

我要一直守护在小缇身边！

真是疯了！

小缇最近总是做恶梦，应该是因为我带来的魔界能量。她早晚会知道我的真实身份的，在她知道之前，我要完完全全赢得小缇的信任。

正确答案　等值分数

只有一个办法，就是打赢这场仗！靠我的力量赢得胜利，小缇应该会很高兴吧？那时就是机会！

辣辣

火辣辣

小缇，你愿意嫁给我吗？

当然愿意！

啊啊

啊，想想心脏就要爆裂了！

你现在不是心脏有问题，是脑袋有问题！

你别在那儿碍手碍脚的，走开！

是，是！你随便吧！

本想去市厅揭穿麦饭石烤鸡蛋的真实身份的，没想到有意外收获！你是从魔界来的吧？

没错！这家伙是麦饭石烤鸡蛋的部下。

麦饭石烤鸡蛋！这些家伙想把我当成鱿鱼烤着吃吗？

卡伊扎的满分问答

$\frac{7}{10}$ 和 $\frac{7}{8}$ 之间分母最小的分数是（　　）。

趁我好好说话的时候，马上说！麦饭石烤鸡蛋，不，迈克的真实身份到底是什么？

使劲儿

还挺有义气的嘛！

嘿嘿

小卡，我们进入准备好的程序吧！

嗖

咚

咚

正确答案　3/4

真可笑！我是魔界的蝙蝠，我会怕人间的小猫吗？

这小家伙是在圣堂里长大的，我求着神父借给我的。

那⋯⋯那是降魔猫？！

我……我说！

嗖嗖嗖

说！从头到尾，一句不落地交代清楚！

培养创造力和数理论述实力

3 设计遗产分配问题

领域 ▬ 数和运算　　能力 ▬ 原理应用能力 / 创造性思维能力

提示文 有三个儿子的父亲去世了。父亲留下的遗嘱上写着，他拥有的 17 头牛的 $\frac{1}{2}$ 分给大儿子，$\frac{1}{3}$ 分给二儿子，$\frac{1}{9}$ 分给小儿子。虽然三个儿子昼思夜想地琢磨，可是，还是找不到按照遗嘱分配 17 头牛的方法。所以，三个儿子向旁边小区的天才阿鲁鲁请教解决方法。

阿鲁鲁说："我把自己的一头牛借给你们，你们把它加进去再分配。分配后会剩下一头牛，到时候你们把那头牛还给我。"三个儿子用这个办法，分别继承到 9 头牛、6 头牛、2 头牛。那么，像前面说的一样，把借来的牛还回去的方法，就是找出整体数量的 M 和单位分数 $\frac{1}{2}$，$\frac{1}{3}$，$\frac{1}{n}$ 中的 n。即，大家也用同样的原理设计新的问题吧！

论点1 请说明，为什么 17 头牛不能分成 $\frac{1}{2}$，$\frac{1}{3}$ 和 $\frac{1}{9}$。

〈解答〉因为 17 不可以被 2、3、9 整除，而且 $\frac{1}{2} + \frac{1}{3} + \frac{1}{9} = \frac{17}{18}$，不能等于 1。所以，不能被完全分配。

* 整除：在除法中，分成整数，没有余数。

论题1 如上面提示文的方法，当整体的数量是 M，借来一个，以 $\frac{1}{2}$，$\frac{1}{3}$，$\frac{1}{n}$ 分配后，再把借来的那个数还回去，请论述找到 M 和 n 的方法。

〈解答〉根据已知条件可得出下面的等式：

$$(M+1) \times (\frac{1}{2} + \frac{1}{3} + \frac{1}{n}) + 1 = M+1，(M+1) 是 2、3、n 的公倍数。$$

借来的 1　　　　　　还回去的 1　借来的 1

$(M+1)$ 是 2、3、n 的公倍数的条件是 $\frac{M+1}{2}$，$\frac{M+1}{3}$，$\frac{M+1}{n}$ 为自然数。因此，$M+1$ 至少是 2 和 3 的公倍数，假设是 $M+1 = 6k$。那么，上面的等式变成 $\frac{6k}{2} + \frac{6k}{3} + \frac{6k}{n} = 6k - 1 \rightarrow 3k + 2k + \frac{6k}{n} = 6k - 1 \Longrightarrow 6k = n(k-1)$。因为 $n > 6$，如果 $n = 6 + p$（p 是自然数），也就是 $6k = (6+p)(k-1)$，即 $6 = P(k-1)$。所以，$k = 2，3，4，7$，即 $M = 11，17，23，41$ 和 $n = 12，9，8，7$。$(M，n)$ 按照顺序排列就是（11，12）（17，9）（23，8）（41，7）四对。因此，大家可以根据 11 头牛、17 头牛、Z23 头牛、41 头牛设计出按（$\frac{1}{2}$，$\frac{1}{3}$，$\frac{1}{12}$），（$\frac{1}{2}$，$\frac{1}{3}$，$\frac{1}{9}$），（$\frac{1}{2}$，$\frac{1}{3}$，$\frac{1}{8}$），（$\frac{1}{2}$，$\frac{1}{3}$，$\frac{1}{7}$）分配的问题。

应用问题① 有 M 头牛，分配数为 $\frac{1}{2}$，$\frac{1}{3}$，$\frac{1}{n}$，虽然和 论题1 相同，不过，这次有两头牛是借来的，分配完成后还要还回去两头牛，请找出全部有序对 (M, n)。

〈解答〉这个问题可以用下列等式表示。

$(M+2) \times (\frac{1}{2} + \frac{1}{3} + \frac{1}{n}) + 2 = M+2$，$(M+2)$ 是 2，3，n 的功能公倍数，

假设其为 $M+2 = 6k$。$3k + 2k + \frac{6k}{n} = 6k - 2 \Longrightarrow \frac{6k}{n} = (k-2) \Longrightarrow 6k = n(k-2)$

已知 $n>6$，如果 $n = 6+p$（p 是自然数），那么，$6k = (6+p)(k-2) \Longrightarrow 12 = p(k-2) \Longrightarrow k = 3$，4，5，6，8，14 $\Longrightarrow M = 16$，22，28，34，46，82，$n = 18$，12，10，9，8，7 所以，$(M, n) = (16, 18)$，$(22, 12)$，$(28, 10)$，$(34, 9)$，$(46, 8)$，$(82, 7)$ 六对有序对。第一个 $M=16$，$n=18$，和第三个 $M=28$，$n=10$，只有这两种情况是新加的，其他四对有序对都可以在 论题1 中找到。因为，当分配 论题1 中得到 M 头的 2 倍 $2M$ 头牛时，要把借来的 2 头牛还回去。

应用问题② 下列情况中，将 M 头按照 $\frac{1}{2}$，$\frac{1}{4}$，$\frac{1}{n}$ 的比例分配。即，找出所有相对应的有序对 (M, n)。

（1）借来一头牛，还回去一头牛　　　　（2）借来两头牛，还回去两头牛

〈解答〉（1）$(M+1) \times (\frac{1}{2} + \frac{1}{4} + \frac{1}{n}) + 1 = M+1$，$(M+1)$ 是 2，4 和 n 的公倍数，假设 $M+1 = 4k$。$2k + k + \frac{4k}{n} = 4k - 1 \Longrightarrow 4k = n(k-1)$

已知 $n>4$，假设 $n = 4+p$。$4k = (4+p)(k-1) = 4k - 4 + p(k-1) \Longrightarrow 4 = p(k-1)$

当 $k=2$，3，5 时，$p=4$，2，1，可以得出三对有序对，分别是 $(M, n) = (7, 8)$，$(11, 6)$，$(19, 5)$。

（2）此时 M 是前面（1）中 M 的两倍，因此，虽然可以轻易得出 $(14,8)$，$(22,6)$，$(38, 5)$ 三对有序对，不过，还是要用解图过程找出是否有更多对有序对。换句话说，不是走捷径得出整体答案。

$(M+2) \times (\frac{1}{2} + \frac{1}{4} + \frac{1}{n}) + 2 = M+2$，$(M+2)$ 是 2，4 的公倍数，假设 $M+2 = 4k$，可推理出 $2k + k + \frac{4k}{n} = 4k - 2 \Longrightarrow 4k = n(k-2)$。

假设 $n = 4+p$，可以推断出 $4k = (4+p)(k-2) \Longrightarrow 8 = p(k-2) \Longrightarrow k = 3$，4，6，10 $\Longrightarrow M = 10$，14，22，38 和 $n = 12$，8，6，5，即 $(M, n) = (10, 12)$，$(14, 8)$，$(22, 6)$，$(38, 5)$，所以，除了（1）中 M 的二倍外，还有一个结果，是 $M=10$，$n=12$。

〈解答〉正如应用问题中看到的，利用第一个问题变形或者普通化，设计新问题。这样的练习对提高原理应用能力和创造力思维能力非常有帮助。

呀呼！问题解开了！

现在，我也可以设计几个新问题了！

再见绝望溪谷

哦，神啊！

如果蝙蝠的话是真的，就太糟糕了。

德里防御军怎么可能击退魔界勇士?

麦饭石烤鸡蛋,不,即使马格努斯说帮忙。

当然没用,魔界勇士的数量是防御军的几倍!

还需要更多兵力!得是受过专门战斗训练的。

战斗专家?

罪犯们!

那些人，都恳切地希望做好事赎罪！

现在就是好机会！

赎罪*！

嗖——

*赎罪：做某件事情减轻罪责。

在黑暗中成为奴隶，悔悟自己过去的邪恶日子，我要按照神的意思，为人们做事！

喵——

呜
呜

进……进度相当快啊！

快去绝望溪谷吧！

等一下，还有事情要做！

你说这里是德里市最大的水上飞机制造企业？

嗯。

如果把罪犯们带来，就需要大型水上飞机。

还是小卡靠谱。

正确
答案

我的公司是家族企业，所有人一起工作，所以，你要给每个人一块黄金。

为什么那么贵？

因为我们公司的水上飞机很贵！不要算了。

小卡，我们去别的地方吧！

不行，这里是最可信的公司！

哎呀

好的，你们有多少人口？

大汗

我们家是大家族，你听好了。

到底有多少？

嗖

算上总经理一共就 7 个人，就这么算吧！

什么？

你……你知道我们家多少事情，你就插嘴？

大汗

不就7个人吗！

咬牙

不……不是！

那我们去派出所查查居民户口本吧！如果你说谎了，就反省吧！

嗖

知……知道了。那就便宜点儿，给我 7 块黄金吧。

暴怒

什么叫便宜点儿？都说要去查查了！

哆哆，算了。

哆哆的科新题　有 6 个约数的最小自然数是 2^5=32。

订完水上飞机出来的哆哆和小卡

你为什么说社长家只有 7 个人？

咯噔 咯噔

明明就是 19 个人啊。

你忽略了那个人说的话。

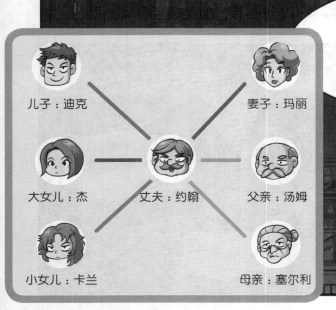

儿子：迪克

妻子：玛丽

大女儿：杰

丈夫：约翰

父亲：汤姆

小女儿：卡兰

母亲：塞尔利

那个男人不是说自己叫约翰吗？假设那个男人的妻子叫玛丽，那个男人的父母叫汤姆和塞尔利，那个男人的儿子叫迪克，女儿叫卡兰和杰。

正确答案　×

爷爷就是父亲。

汤姆

奶奶既是妈妈，也是婆婆。

赛尔利

这样就可以画出谱系图*了。

爸爸就是儿子。

约翰

妈妈就是儿媳妇。

玛丽

儿子既是孙子，也是哥哥。

迪克   **杰**   **卡兰**

女儿既是孙女，也是妹妹。

*谱系图：家庭血统图。

爷爷汤姆是 1 个人，奶奶塞尔利是 1 个人，爸爸是汤姆和约翰 2 个人，因为约翰对自己的子女来说是爸爸。同样，妈妈也有 2 个人，婆婆和儿媳妇各有 1 个人，儿子是约翰和迪克 2 个人。除此之外，2 个女儿，1 个孙子，2 个孙女，1 个哥哥，2 个妹妹不用再解释了吧？

哇！

如果不是你，就要被人坑了*！

话说回来，我们去绝望溪谷做什么呢？

*被人坑：支付的费用或物品比其实际价值贵，委屈受害。

第二天

啪嗒

啪嗒

累死我了！

装什么！还有一个拉着你飞行的我呢！

快点儿下去吧，好不好？

现在下去了。

嗖嗖

惊

啊？

18 的约数一共有（　　）个。

怎么变成这样?！

 卡伊扎 的满分 问答 和为 $\frac{1}{2}$ 的不同的两个单位分数是（ ）。

第**94**章　再见绝望溪谷　　99

哆哆头目！

坤比。

哇·哇

怎么变成这样了？

魔法师回来了！

正确答案 $\frac{1}{3} + \frac{1}{6}$

他以更强大的面貌回来了!

变得再强又怎么样?几十个人都挡不住魔法师一个人吗?!

哆哆头目不知道!

魔法师和怪物一起回来了!

怪物?

出现了！

得藏起来，快点！

呼嗒嗒

呃呃

到底怎么了？

嘘！

看那里。

4 两位数 × 两位数的快速心算

领域—数和运算   能力—创造性思维能力

提示文 1 《冒险岛数学奇遇记》里提到过很多次，必须在 45 秒内默背从 2 到 9 的九九诀（乘法九九）。因为，虽然说数学不是提升计算速度，而是培养思考的力量。但是，如果计算慢，而且总是出现错误，那就有可能会对数学丧失自信。在 +、−、×、÷ 四则运算中，利用加法和乘法的交换律、结合律，以及加法和乘法的分配法则，或者利用多项式的乘积公式，可以迅速且准确地计算出来。

论点1 请说明 +、−、×、÷ 的运算和带有括号的混合运算里的计算顺序。

〈解答〉运算中带有括号时，按照小括号、中括号、大括号的顺序，先计算括号里面的内容。

而且，要根据下面的规则进行运算：

①如果只用 +、− 符号连接，或者只用 ×、÷ 连接，那么，按照从左到右的顺序的原则进行运算，也可以使用交换律和结合律。

②包含 +、−、×、÷ 的混合运算中，先运算 ×、÷。

③在只有一个 ÷ 号的情况下，$a \div b$ 可以改写成 $\frac{a}{b}$ 后进行运算，这样可以简化问题，此时有必要约分。（$a \div b \div c = \frac{a}{b} \div c = \frac{a}{b \times c}$，但是，$a \div b \div c \neq a \div \frac{b}{c}$。）

论点2 请说明加法的交换律和结合律，乘法的交换律和结合律，以及加法上的乘法分配法则。

〈解答〉"加法的交换律" $a+b=b+a$ "加法的结合律" $(a+b)+c=a+(b+c)$

"乘法的交换律" $a \times b=b \times a$ "乘法的结合律" $(a \times b) \times c=a \times (b \times c)$

从中学起，$a-b$ 换成 $a+(-b)$，$a \div b$ 换成 $a \times \frac{1}{b}$ 后进行运算。如果交换律和结合律都成立，那么，无论使用下面的哪种顺序进行运算，结果都是一样的。

已知 $(a+b)+c=a+(b+c)=(a+c)+b$，所以，去除括号后，出现 $a+b+c$。

已知 $(a \times b) \times c=a \times (b \times c)=(a \times c) \times b$，所以，去除括号后，$a \times b \times c=abc$。

"加法上的乘法分配法则" $a \times (b+c)=(a \times b)+(a \times c)$，也是 $(a+b) \times c=(a \times c)+(b \times c)$

如果按照 **论点1** 的顺序进行运算，往往会出现复杂且比较困难的情况。如果灵活运用交换律、结合律和分配法则，就可以简单、迅速地运算出结果了。

应用问题① 请心算出下列运算：

（1）$23 \times 7-4 \times 15+13 \times 23$ （2）$37 \times 97+13 \times 42+37 \times 3+13 \times 58$

〈解答〉（1）$23 \times 7+13 \times 23-60=23 \times (7+13)-60=23 \times 20-60=460-60=400$。

（2）$37 \times (97+3)+13 \times (42+58)=3700+1300=5000$。

应用问题❷ 在特殊条件下，利用多项式的乘法公式可以快速心算出来。

利用公式（a–b）×（a+b）=a² — b² 心算出 97×103 和 42×58。

〈解答〉（1）97×103=（100–3）×（100+3）=10000–9=9991。

（2）42×58=（50–8）×（50+8）=2500–64=2436。

> 提示文 2　从现在开始，掌握两位数 × 两位数的乘法运算中的若干快速心算方法，就可以在包括 19×19 段在内的两位数乘法运算中找到自信心。闭上几次眼睛，用头脑练习运算，就会发现其实一点儿都不难。
>
>
>
> 【方法一】 在（1A）×（1B）的情况下，可以心算出 19×19 段的所有运算
>
>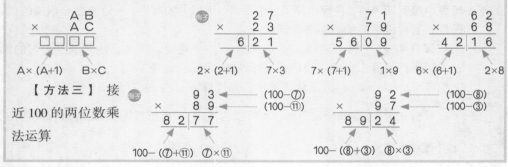
>
> 【方法二】 在（AB）×（AC）的情况下（十位数，B + C = 10）
>
> 【方法三】 接近 100 的两位数乘法运算

论点❸ 请说明全世界都在使用的十进位置计数法（十进制）和三种方法。

〈解答〉人有十根手指，因此，十进制就诞生了。"位置"的意思是位置向左侧升一格，一格等于扩大了十倍。所以，如果在一个位置上聚集了 10 个数，那么，它的左边就会上升一个数（十进）。三种方法如下：

$$352.47=3×10^2+5×10^1+2×10^0+4×10^{-1}+7×10^{-2}=3.5247×10^2$$

"标准型" 　　　　　　"扩展型" 　　　　　　"指数型（科学标记法）"

论题❶ 请用数学式子证明提示文 2 中的【方法一】【方法二】【方法三】。

〈解答〉【方法一】$1A=10+A, 1B=10+B \Longrightarrow (10+A)(10+B)=100+（A+B）×10+A×B$

　　　　　$=（1A+B）×10$

【方法二】$(10A+B)(10A+C)=100A^2+10A（B+C）+B×C=100A^2+100A+B×C=100A(A+1)+B×C$

【方法三】$(100–A)(100–B)=100^2–100（A+B）+A×B=100[100–（A+B）]+A×B$

应用问题❸ 请使用提示文 2 中的【方法二】心算 15²，25²，…85²，95²。

〈解答〉$15^2 = 225$, 　　$25^2 = 625$, 　　$35^2 = 1225$, 　　$45^2 = 2025$, 　　$55^2 = 3025$,

$65^2 = 4225$, 　　$75^2 = 5625$, 　　$85^2 = 7225$, 　　$95^2 = 9025$

与火焰鳄鱼的对决

*藏身之处：藏起来的地方。

王斧头？！

他和魔法师分道扬镳*了，现在跟我们是一伙儿的。

不像话！怎么可以相信他？

*分道扬镳：断绝关系，各自独立。

呜

原谅我，给魔法师做木偶的生活，我总是被负罪感*折磨。以后，我要和朋友们一起，堂堂正正地生活。

咱们可以相信他，告诉我"火焰鳄鱼"情报的人就是他。

*负罪感：对犯的错感到罪责。

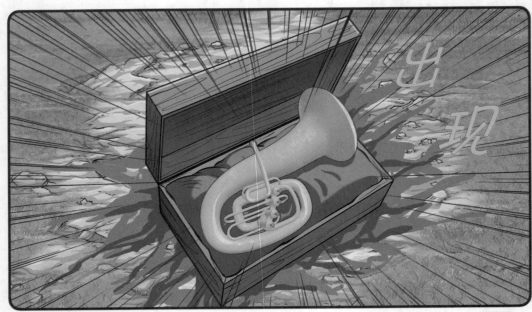

*大号：有3～5个活瓣的铜管乐器。

到了晚上，我们就去池塘了。

咚咚的判断题　按照从左到右的顺序计算乘法和除法混合的
$75 \div 3 \times 8 \div 7 \div 5 \times 49 \div 4$ 比较快。

惊讶的样子

扑通

扑通

鳄鱼不见了!

这些小不点儿*当然得让位了。

让位?

噗

*小不点儿：众多事物中最小，品质最不好的。

正确
答案　分配

大号的声音就像雌鳄鱼诱惑雄鳄鱼的声音。

就是说，早就知道才带着大号来这个地方的？

魔法师听说绝望溪谷生活着一只巨大的鳄鱼，所以故意犯罪进来的。为了把鳄鱼当成自己的魔法对象才来到这里的。

这个人真可怕！

但是，鳄鱼不是也有眼睛吗？难道它看不出来魔法师不是雌鳄鱼？

对，魔法师之前就已经算计好了。

鳄鱼一出来，他就向鳄鱼眼睛撒了面粉。

唰 唰

是向我撒的那种吗？

嗯。

噗 噗

从那天起，魔法师就把鳄鱼带在身边了。

他还学了鳄鱼的叫声，跟鳄鱼进行简单的沟通*。

呃啊，呃啊啊。

啊 啊 啊

和鳄鱼亲近后，魔法师就制造魔法药丸开始试验。

魔法师给鳄鱼吃了药，就这么成功制造出火焰鳄鱼了！

嗯？

嗖

卡伊扎的满分问答

把 39 × 41 转换成（40-1）×（40+1）=1599 计算，它使用了公式（A-B）×（A+B）=（ ）。

真是个厉害的人物！

如果把那灵光的头脑用在好事儿上该有多好！

现在，鳄鱼对魔法师唯命是从！

没办法啊。

是吧？

别担心！用阴谋诡计得逞的人一定会因为阴谋诡计灭亡的。

你有击退鳄鱼的办法吗？

嗖

跟我来！

正确答案　$A^2 - B^2$

有没有擅长棒球的人？

*主力投手：棒球队里的主战投手。

我只是看过，一次都没打过。

我也是。

我对棒球有信心，我上学的时候是棒球队的主力投手*！

主力投手？太好了！你扔一下这个。

嗖

往哪儿扔？

那里，瞄准那棵树。

嗖嗖嗖

嗖嗖嗖嗖

啪

太棒了，
坤比！

啪
啪
啪

行了，现在打败
魔法师只是时间
问题了！

我觉得你们去阴曹地府会更快一些！

嗖

嗖

呸 呸

惊

我最讨厌的家伙都聚到一起了，这真是仇人大礼包啊！

嘻嘻

快跑！

嗒嗒嗒

可笑的家伙们！你们的命运就是变成烤肉！

啊！

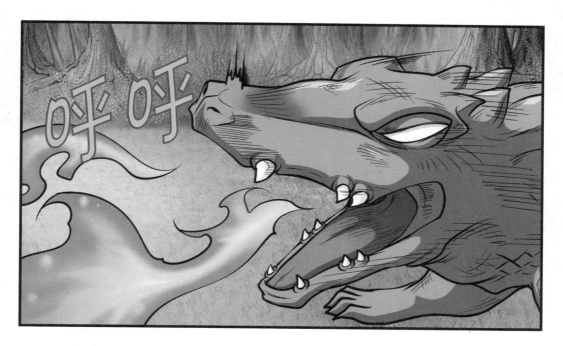

去吧, 烤肉们!

5 礼貌数

领域━整体　　　能力━创造性思维能力

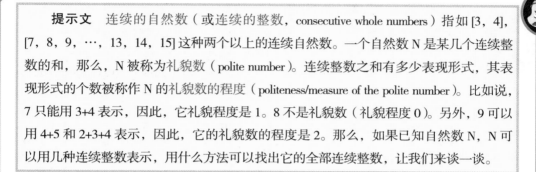

提示文 连续的自然数（或连续的整数，consecutive whole numbers）指如 [3，4]，[7，8，9，…，13，14，15] 这种两个以上的连续自然数。一个自然数 N 是某几个连续整数的和，那么，N 被称为礼貌数（polite number）。连续整数之和有多少表现形式，其表现形式的个数被称作 N 的礼貌数的程度（politeness/measure of the polite number）。比如说，7 只能用 3+4 表示，因此，它礼貌程度是 1。8 不是礼貌数（礼貌程度 0）。另外，9 可以用 4+5 和 2+3+4 表示，因此，它的礼貌数的程度是 2。那么，如果已知自然数 N，N 可以用几种连续整数表示，用什么方法可以找出它的全部连续整数，让我们来谈一谈。

论点1 请说明奇数是礼貌数。

〈解答〉 用 $N=2n+1$ 表示奇数，因为它至少有一种连续整数 $\{n, n+1\}$ 的和为 $n+(n+1)$，所以 3 以上的奇数一般是两个连续整数的和。得出结论，除了 1 以外的所有奇数都是礼貌数。

论点2 请找出和为 $N=15=3\times5$ 的所有连续整数。

〈解答〉 首先，找到 15=7+8（**论点1**）。我们可以找到 15=1+2+③+4+5 和 15=4+⑤+6 两个答案，由此可知，两个等式的右侧中间位置上的③和⑤是 15=③×⑤的关系。

因此，$N=$（奇数 O_1）×（奇数 O_2），从 $O_1 < O_2$ 可知 $O_1 \geqslant \frac{1}{2}\times(O_2+1)$。

论点3 请找出所有和为 $N=21=3\times7$ 的连续整数。

〈解答〉 首先，找到 21=10+11（**论点1**）。我们可以找到 21=3×7=6+⑦+8 和 3×7=1+ 2+（③+④）+5+6 两个答案。在第二个等式中，我们认为，左边 3×7 的两个数 3、7 与右边（③+④）之间有某种关系。找到它们之间的关系后发现，从 $N=O_1\times O_2$（$O_1 < O_2$）可知，$O_1 < \frac{1}{2}\times(O_2+1)$。

论点4 请找出和为 $N=25=5^2$ 的连续整数。

〈解答〉 首先找到 25=12+13（**论点1**）。$N=25=5^2=3+4+⑤+6+7$ 形式出现的结果只是一个。因为 $O \geqslant \frac{1}{2}\times(O+1)$，所以不能按照**论点2**找出两个连续整数，两个连续整数相同，所以，只有一种结果。

论题1 参考前面的论点 论点1~4 ，当 $O_1 < O_2$ 时，N=（奇数 O_1）×（奇数 O_2），如此使用两个奇数的积标识的情况下，和为奇数 N，请论述找出它的所有连续整数的方法。

〈解答〉（1）最先知道的答案是奇数 $N=\dfrac{N-1}{2}+\dfrac{N+1}{2}$。此时，N=1×N 中 N 的奇数，即约数成为 N 本身的一个连续整数。

（2）如果 $N=O^2$ 成立，那么，可以得出一种连续整数，就是奇数 O 用作中央数的 O 个连续整数。

（3）在 $N=O_1 \times O_2$，$O_1 < O_2$ 的情况下，

$O_1 \geqslant \dfrac{O_2+1}{2}$ 论点2	$3 \leqslant O_1 < \dfrac{O_2+1}{2}$ 论点3
(i) O_2 个具备 O_1 为中央数的一种连续整数	(i) O_2 个具备 O_1 为中央数的一种连续整数
(ii) O_1 个具备 O_2 为中央数的一种连续整数	(ii) 2×O_1 个具备 O_2 为中央的两个数之和的一种连续整数

当 $N=O_1 \times O_2$（$O_1 < O_2$）时，每个 O_1 有两个对应的连续整数。O_1 的个数与 O_2 的个数相同（因为定下一个 O_1 就会定下一个 O_2），那么我们可以认为，N 的奇数，即约数 O_1 和 O_2 各自有一个对应的连续整数。换句话说，除了 1 以外的奇数（约数）各有一个对应的连续整数。

我们已经用上面的（1）（2）（3）找出所有连续整数，总种数是除了 1 以外的 N 的奇数约数的个数。

论点5 和为偶数 $N_1=7\times4$，偶数 $N_2=9\times4=3\times12$，请找出它们对应的所有连续整数。

〈解答〉从 $N_1=7\times4=1+2+3+$ ④ $+5+6+7$ 可以得到一种答案，那么，我们认为奇数 7 对应一种连续整数。7 与 4 之间有某种条件，这个条件是偶数 N_1=（奇数 O）×（偶数 E）=$O\times E$，$O<2\times E$。从 $N_2=9\times4=1+2+3+$（④ + ⑤）$+6+7+8$ 可以得到一种答案，对应奇数 9= ④ + ⑤。9= ④ + ⑤ 和 4 之间也有某种条件。那个条件就是 $N_2=O\times E$，$O>2\times E$。另外，从 $N_2=3\times12$ 可知另一种答案，$N_2=11+$ ⑫ $+13$。结果，各自不同的奇数用 O 表示的偶数 $N=O\times E$ 中各有一个。即，总连续整数的种类数是，偶数 N 的个数与除了 1 以外的奇数约数的个数相同。

论点6 请说明偶数什么时候有礼貌数。

〈解答〉在 N 用两个偶数之积表示的情况下，无法找出连续整数的和。

$N=2^m$，即，当 N 是 2 的幂数时，N=（偶数）×（偶数），因此，无法得到连续整数的和。即，2^m 的数是非礼貌数（impolite number）。

只有 N 等于（奇数）×（奇数）或（奇数）×（偶数）时，才有连续整数的和。

论题2 对于比 3 大的任意自然数 N，N 的约数中，除了 1 外的奇数约数的个数是 N 的礼貌数程度。请论述这一事实。

〈解答〉综合前面 论题1 和 论点5~6，我们可以知道，任意自然数 N 以连续整数的和出现时，N 的约数中，除了 1 以外的奇数约数的个数是 N 的礼貌数程度。详细说明如下：首先，当 N 是奇数时，根据 论题1 可知，每个 N 的奇数约数对应一个连续整数。接下来，论点5 中 N 为偶数，$N=O\times E$，那么，每个大于 1 的 N 的奇数约数都对应一个连续整数。结果，无论 N 是奇数还是偶数，除了 1 以外的奇数约数的个数都是 N 等于连续整数之和，即总种数（N 的礼貌数程度）。

战争的旋涡

风是朝一个方向吹的！是很强的西风。

嗒 嗒

嗒嗒嗒

嗖

小卡，你在做什么？

嗒嗒嗒

风从西边吹向东边。那么，魔法师的火焰朝哪边呢？

应该是东边吧！

那我刚才点的火朝哪边呢？

当然是东边了！

对！所以，如果我的火向东边燃烧，我们就能活命了。

魔法师的火就在我们身后追着我们呢，我们怎么活命？！

正确答案

我已经放火把树都烧了，魔法师的火怎么会跟来呢？

哇

走吧！

嗖

嗒嗒嗒

过了一会儿

又过了一会儿

虽然下雨了，不过那么大的火，他们肯定没命了。

吓一跳

出现

你，你们怎么?！

看来你们被烟熏傻了。我就在这里了断你们!

再给你最后一次机会！现在投降求饶还能饶你一命。

真是死不悔改！

坤比！

不知道你们在开什么玩笑，你们去阴曹地府吧！

呼呼

嗖嗖

啊啊啊啊

咯

刚，刚才扔了
什么？！

没什么，就
是治疗眼睛
的药！

正确
答案

我把上次吃剩下的一半粉末，包在树叶里扔了。

咳
咳

它的药效超级快！

一下子

呃呃

嗖

鳄鱼说："还说自己是雌鳄鱼，你个大骗子！？"

啊啊啊

呃呃

咔 咔

嗒嗒嗒

正确
答案　连续整数

一切准备就绪！请下达出发命令。

小缇，那些家伙开始行动了！

嗒 嗒 嗒

我等着呢，侵略者们！

握拳

卡伊扎 的满分 问答

如果一个自然数是某种连续整数的和,那么,那个自然数
叫作( )。

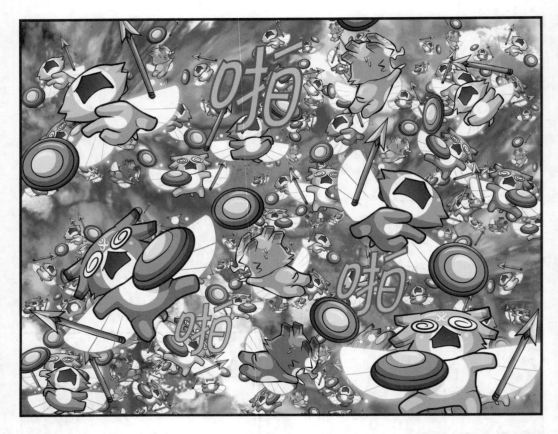

继续射击！

你不是炫耀它们是魔界最强的勇士吗，怎么输给业余的市民军了？

气喘吁吁

我们不知道市民武装有水果炮弹了。

大汗

肯定是马格努斯做的！

那么，没有办法可以战胜吗？

怎么会！我们是专业的战斗士，当然有办法了。

嘿嘿

这次我们需要人类的帮助。

嘿嘿

可是，魔界那些家伙没办法靠近水果炸弹啊。

应该是那边的人伪装*成市厅管理员了。

*伪装：掩饰本来的面目或实质。

好像偷偷进来的！

迈克，现在怎么办？

没了水果炸弹，我也没办法了。

德里市大危机！

敬请期待《冒险岛数学奇遇记》第 47 册！

ISBN 978-7-5108-4144-6

9 787510 841446 >

全系列共 5 册
定价：145.00 元

安野光雅"美丽的数学"系列

◆ "安徒生图画奖"大奖得主、国际顶尖绘本大师安野光雅代表作

◆ "日本图画书之父"松居直、"台湾儿童图画书教父"郑明进赞赏不已的绘本大师

◆ 日本绘本大师安野光雅倾心绘制，带领孩子们走进美丽的绘本世界

安野光雅不是简单地把数学概念灌输给孩子，而重在把数学的本质蕴含其中，让孩子去体悟。书中不是单纯地讲数学，更重在启发儿童从不同角度看待事物、发现问题和尝试解决问题的思考方式，培养孩子的逻辑思维能力，提高综合素质，让孩子以简单、科学的方式走近数学，爱上数学，为孩子创造了一个充满了好奇的快乐世界。

奇妙的种子

三只小猪

帽子戏法

十个人快乐大搬家

壶中的故事

ISBN 978-7-5108-3324-3

9 787510 833243 >

全系列共 5 册
定价：78.00 元

小嘀咕系列

◆ 美国作家协会评选的著名儿童读物

◆ 美国儿童和青年文学奖、图书馆学会年度好书

◆ 2006年法国基金会奖、法国文森市千页图书馆奖

◆ 被哈佛大学Coop书屋誉为"儿童教育的最佳礼品"

◆ 全球畅销超过160万册，21个国家和地区发行，24项国际大奖

◆ 2008年瑞典国家图书馆评选的最佳儿童作家、最佳儿童插画家，加拿大书商协会大奖

◆ 帮助小孩突破日常"害怕"心理，做自信的自己！真实捕捉儿童敏感期，抚慰小小心灵的柔软与坚强

ISBN 978-7-5108-3289-5

9 787510 832895 >

全系列共 7 册
定价：119.00 元

小松鼠嘀咕，是只胆小、怕事，最喜欢装死的小松鼠。他害怕冒险，害怕尝试，对未知事物非常害怕，他害怕一个人外出，害怕一个人睡，害怕聚会，害怕去海边……面对这许许多多的"害怕"，他会提前做好万全准备，列好计划和攻略，并且全盘实施。可是每次当真的与计划不相符时，小松鼠嘀咕就拿出看家本领"装死"，虽然最终总是"横生波折"，但小松鼠嘀咕依然尝到了冒险的快乐，收获成长的喜悦。

小松鼠嘀咕的故事告诉我们：只要轻轻一跳，就能发掘新本领，找到新天地。

加古里子"好品质养成"故事绘本系列

◆ 日本产经儿童出版文化奖得主、绘本大师加古里子

◆ 40余年心血之作，系列累计加印622次

◆ 20年丰富的儿童指导会教师经验，写就永不褪色的经典

◆ 工学博士理工男，玩转绘本，俘获大小童心

　　加古里子根据儿童指导会20年来的经验，创作了这套脍炙人口的故事绘本系列。

　　丰富的一线教学经历，加上科学缜密的思维，辅以幽默，使得这套绘本跨越世代，深受读者喜爱。作者加古里子通过每个故事，寓教于乐，讲述了不同的主题。例如，《红蜻蜓运动会》教孩子如何用智慧击退邪恶力量，同时让孩子们明白团结的重要性等。

ISBN 978-7-5108-4302-0

9 787510 843020 >

全系列共 8 册
定价：158.00 元

让孩子痴迷的科普涂鸦书

◆ 一套适合孩子的手绘创意填色大书，点燃孩子的艺术创想
◆ 精彩呈现鸟类、蝶类、雨林生物、林地动物的形态特征，自然发烧友爱不释手的科普图书
◆ 新西兰人气插画师珍妮库伯精心描绘，近100种生物，送给自然爱好者的一份自然礼赞
◆ 休闲时光、轻松减压，胶版印刷，自然环保，携带方便
◆ 国内众专家团队历时两年权威审核，科学严谨，一遍看不够
◆ 北京自然博物馆、国家动物博物馆倾情推荐

这是一套融合了知识性和趣味性为一体的创意填色书。新西兰人气插画师珍妮库伯精心绘制了鸟类、蝶类、热带雨林、海底世界等近百种生物，从绚烂的海底生命到美丽多姿的蝴蝶，从热带雨林到神秘的林地景观，从动物到植物……让热爱自然的孩子爱上画画，让热爱画画的孩子爱上自然。科普+认知+涂色+创新，艺术美感和思维训练，一举多得。

ISBN 97875-108363-05-5

全系列共 6 册
定价：80.00 元

自然科学童话（新版）

◆ 畅销15年，加印30余次，倍受父母们喜爱的童书礼品套装
◆ 韩国环境部选定优秀图书
◆ 朝鲜日报青少年部指定优秀图书
◆ 自然科学知识和童话故事的完美结合。讲述生命、爱、互助的主题时，同时让孩子学到受用终生的自然科学知识
◆ 亲子阅读，互动性强。让家长不再苦恼如何让孩子快乐的掌握自然科学知识

ISBN 9787-51083-6176-6

全系列共 12 册
定价：198.00 元

美丽的大自然中有很多很多种动物和植物，每一种动物和植物都有自己独特的生活习性和智慧。这个世界上的每个角落里每天都在发生各种各样的事情。让我们跟随这一套有趣的童话故事，去神秘的大自然世界中探险吧。

本系列共12册，每册都有3个章节来介绍不同的昆虫或者植物，有故事情节的精致设计、科学知识点的详细介绍、针对性问题的引导提出、准确答案的巧妙提供，使读者能在愉悦的氛围中，有趣的情节安排下，探索科学知识和正确问题答案。